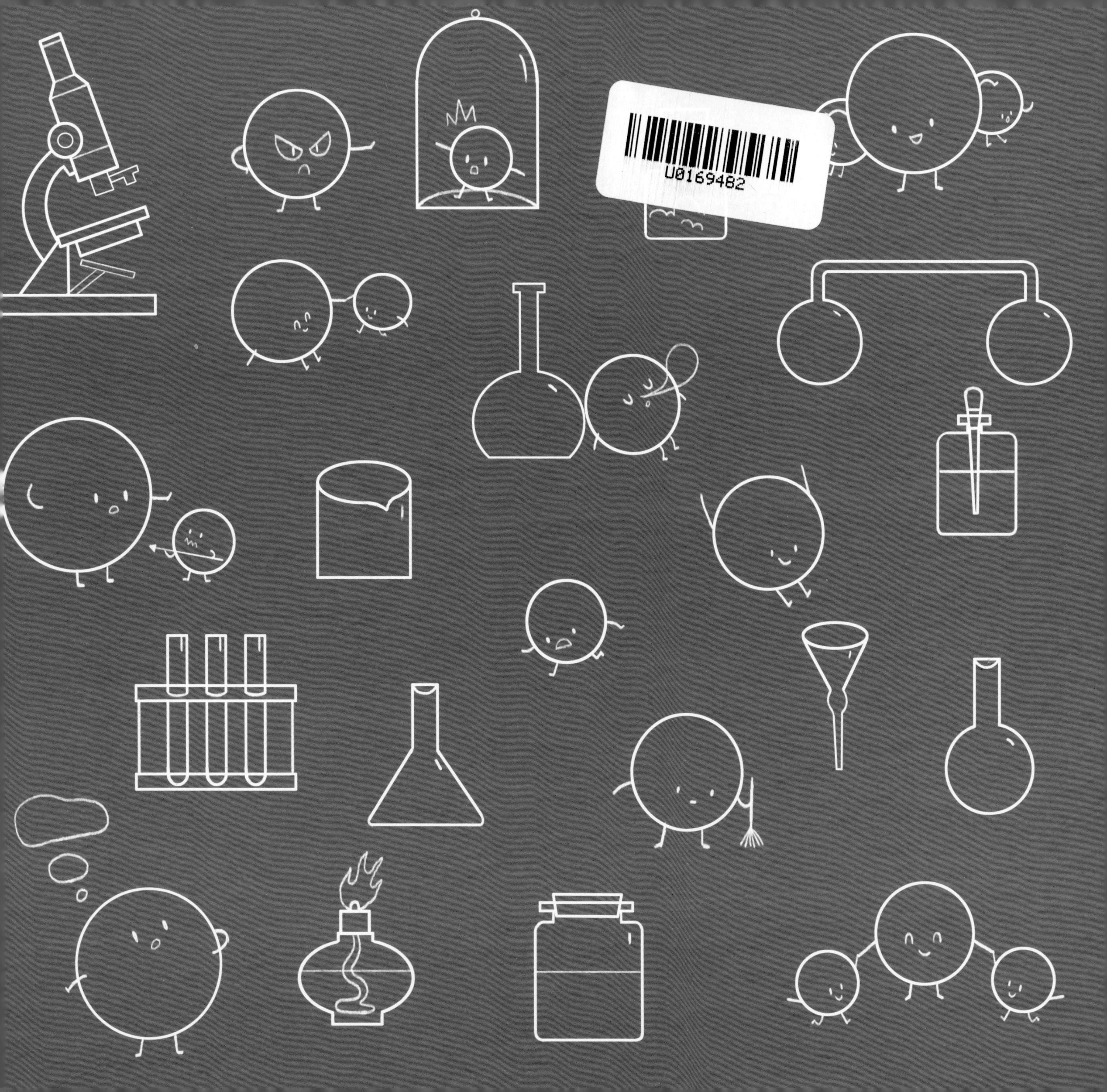

图书在版编目（CIP）数据

门捷列夫很忙：给孩子的化学启蒙. 纸牌与元素周期表 / 李金炜著；七酒米绘. -- 北京：外语教学与研究出版社，2022.10（2024.6 重印）
ISBN 978-7-5213-3961-1

Ⅰ. ①门… Ⅱ. ①李… ②七… Ⅲ. ①化学－少儿读物 Ⅳ. ①O6-49

中国版本图书馆 CIP 数据核字（2022）第 167986 号

出版人　王　芳
策划编辑　汪珂欣
责任编辑　于国辉
责任校对　汪珂欣
美术统筹　许　岚
装帧设计　卢瑞娜
出版发行　外语教学与研究出版社
社　　址　北京市西三环北路 19 号（100089）
网　　址　https://www.fltrp.com
印　　刷　北京捷迅佳彩印刷有限公司
开　　本　787×1092　1/12
印　　张　20
版　　次　2022 年 10 月第 1 版　2024 年 6 月第 7 次印刷
书　　号　ISBN 978-7-5213-3961-1
定　　价　200.00 元（全套定价）

如有图书采购需求，图书内容或印刷装订等问题，侵权、盗版书籍等线索，
请拨打以下电话或关注官方服务号：
客服电话：400 898 7008
官方服务号：微信搜索并关注公众号“外研社官方服务号”
外研社购书网址：https://fltrp.tmall.com

物料号：339610001

门捷列夫很忙：给孩子的化学启蒙

纸牌与元素周期表

李金炜 / 著　七酒米 / 绘

外语教学与研究出版社
北京

门捷列夫是 19 世纪一位忙碌的俄国科学家。

他曾致力于北极探险，北冰洋的一条海岭就是以他的名字命名的。

他曾独自乘坐探空气球飞到 3000 米的高空，收集气象数据。

据说他做的箱包在时尚界也占据一席之地。

忙碌的门捷列夫用他生命中大约十分之一的时间来研究化学，最终发现了**元素周期律**。

我们故事的主角就是这些拥有奇怪名字的元素们，它们构成了世间万物！而门捷列夫先生就是我们探索元素之旅的超级向导！

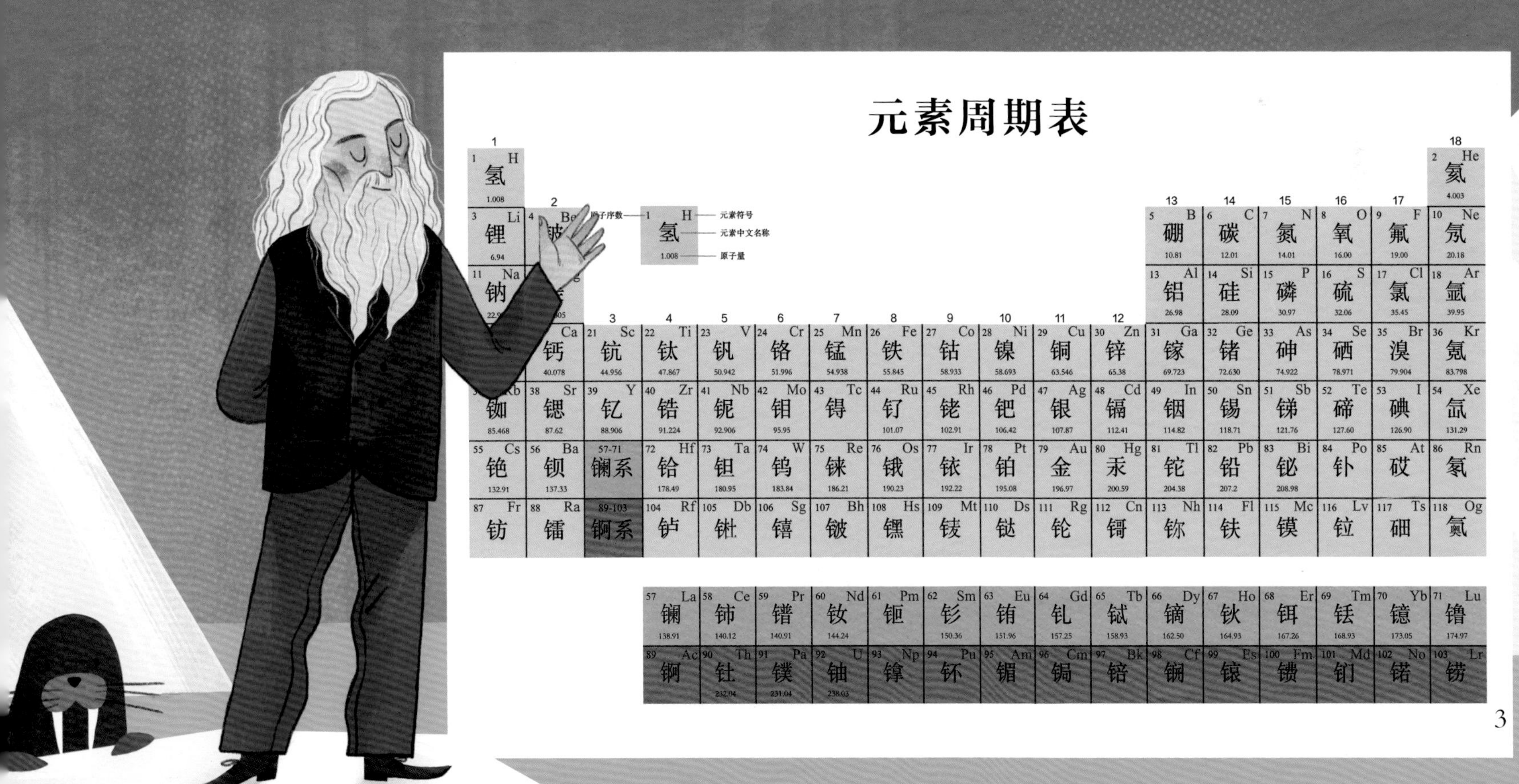

元素周期表

1 H 氢 1.008：原子序数（1）、元素符号（H）、元素中文名称（氢）、原子量（1.008）

1	2	3	4	5	6	7	8	9	10	11	12	13	14	15	16	17	18
1 H 氢 1.008																	2 He 氦 4.003
3 Li 锂 6.94	4 Be [illegible]											5 B 硼 10.81	6 C 碳 12.01	7 N 氮 14.01	8 O 氧 16.00	9 F 氟 19.00	10 Ne 氖 20.18
11 Na 钠 22.9[illegible]	[illegible] 305											13 Al 铝 26.98	14 Si 硅 28.09	15 P 磷 30.97	16 S 硫 32.06	17 Cl 氯 35.45	18 Ar 氩 39.95
[illegible]	Ca 钙 40.078	21 Sc 钪 44.956	22 Ti 钛 47.867	23 V 钒 50.942	24 Cr 铬 51.996	25 Mn 锰 54.938	26 Fe 铁 55.845	27 Co 钴 58.933	28 Ni 镍 58.693	29 Cu 铜 63.546	30 Zn 锌 65.38	31 Ga 镓 69.723	32 Ge 锗 72.630	33 As 砷 74.922	34 Se 硒 78.971	35 Br 溴 79.904	36 Kr 氪 83.798
Rb 铷 85.468	38 Sr 锶 87.62	39 Y 钇 88.906	40 Zr 锆 91.224	41 Nb 铌 92.906	42 Mo 钼 95.95	43 Tc 锝	44 Ru 钌 101.07	45 Rh 铑 102.91	46 Pd 钯 106.42	47 Ag 银 107.87	48 Cd 镉 112.41	49 In 铟 114.82	50 Sn 锡 118.71	51 Sb 锑 121.76	52 Te 碲 127.60	53 I 碘 126.90	54 Xe 氙 131.29
55 Cs 铯 132.91	56 Ba 钡 137.33	57-71 镧系	72 Hf 铪 178.49	73 Ta 钽 180.95	74 W 钨 183.84	75 Re 铼 186.21	76 Os 锇 190.23	77 Ir 铱 192.22	78 Pt 铂 195.08	79 Au 金 196.97	80 Hg 汞 200.59	81 Tl 铊 204.38	82 Pb 铅 207.2	83 Bi 铋 208.98	84 Po 钋	85 At 砹	86 Rn 氡
87 Fr 钫	88 Ra 镭	89-103 锕系	104 Rf 𬬻	105 Db 𬭊	106 Sg 𬭳	107 Bh 𬭛	108 Hs 𬭶	109 Mt 鿏	110 Ds 𫟼	111 Rg 𬬭	112 Cn 鿔	113 Nh 鿭	114 Fl 𫓧	115 Mc 镆	116 Lv 𫟷	117 Ts 鿬	118 Og 鿫

57 La 镧 138.91	58 Ce 铈 140.12	59 Pr 镨 140.91	60 Nd 钕 144.24	61 Pm 钷	62 Sm 钐 150.36	63 Eu 铕 151.96	64 Gd 钆 157.25	65 Tb 铽 158.93	66 Dy 镝 162.50	67 Ho 钬 164.93	68 Er 铒 167.26	69 Tm 铥 168.93	70 Yb 镱 173.05	71 Lu 镥 174.97
89 Ac 锕	90 Th 钍 232.04	91 Pa 镤 231.04	92 U 铀 238.03	93 Np 镎	94 Pu 钚	95 Am 镅	96 Cm 锔	97 Bk 锫	98 Cf 锎	99 Es 锿	100 Fm 镄	101 Md 钔	102 No 锘	103 Lr 铹

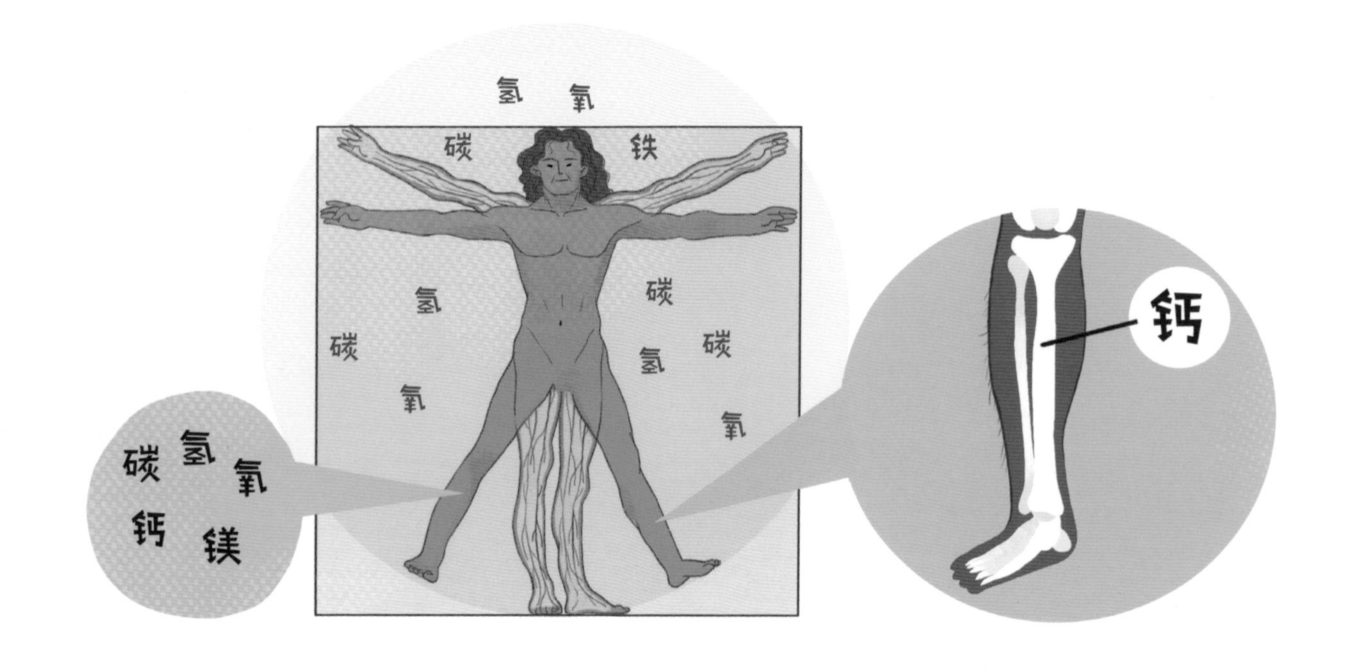

你的身体由皮肤、毛发、肌肉、骨骼、血液等物质组成。

海洋、山脉、丛林、沙漠等组成了我们迷人的地球表面。

你洗脸用的水、刷牙用的牙膏。

给你提供能量的早餐，你外出穿的衣服。

所有的物体，乃至山河湖海、日月星辰，如果追溯它们的本源，都是由元素构成的。

目前，人类确认发现的元素只有118种，其中还有20多种是人造元素。

所以说，目前看来，大千世界不过是由不到100种元素构成的。

正在看书的你，全身的主要元素加起来大约有25种。

这听起来太不可思议了！但是，如果回到从前，欧洲人会告诉你：别逗了，组成这个世界的元素只有4种。

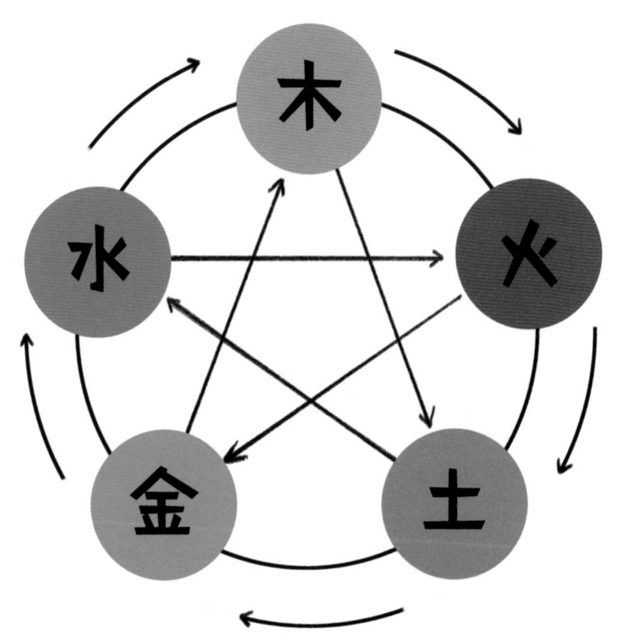

2000 多年前，古希腊的哲学家恩培多克勒提出了“元素”这个概念。他指出世界上的每一种物质都可以分解为四种元素，那就是——水、土、气、火。他用一根燃烧的木头完美诠释了他的理论：木头燃烧释放的是火元素，木头里面的液体是水元素，燃烧产生的烟就是气元素，而烧完的灰烬就是土元素。

1626年，意大利传教士高一志把“四元素说”带到中国，却遭到了质疑。因为**中国人很早就创立了“五行说”体系**——这个世界是由金、木、水、火、土五种物质构成的，并且有相生相克的复杂关系。

无论是“四元素说”还是“五行说”，其实都只是古人**朴素的物质观**。人们都很清楚，买东西用的金银和切菜的菜刀是截然不同的两种东西。

东西方都有大量的“准”化学家——炼丹和炼金师们，他们在追求长生不老和探索点石成金的过程中，其实已经发现了一些不同类型的元素。

比如**中国在秦朝时期就已经可以制备汞**，也就是水银。在秦始皇吃的仙丹里，汞的含量严重超标。

德国的阿尔伯图斯曾经细致地描述过砷。

但是，在科学的阳光还未普照之前，只要宇宙万物可以统一在一种和谐的规律下，大家就心满意足了。

17 世纪是一个伟大的世纪。**培根**、**牛顿**、**伽利略**、**开普勒**、**笛卡尔**等众多科学家都生活在这一时期。欧洲近代科学开始向传统观念发出咄咄逼人的挑战。

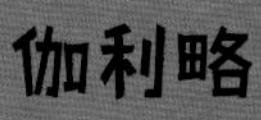

1661年，英国科学家波义耳发表了**《怀疑的化学家》**。他在文章中塑造了几个互相辩论的人物，其中一位“怀疑派化学家”就是他的化身。这位“怀疑派化学家”对“四元素说”提出了质疑。他认为元素应该是一种原始的、简单的、没有任何掺杂物的物体，不能由其他物体造成，也不能彼此相互生成。这样一来，元素就不可能只有四种！

这篇文章被认为是化学脱离于炼金术和药剂学，**作为独立学科诞生的起点，而波义耳也被公认为第一位化学家。**

英国化学家**普里斯特利**加热氧化汞，收集到了一种气体。蜡烛在这种气体里燃烧得更加强烈。普里斯特利当时把这种气体称为“**脱燃素气**”。

普里斯特利还有一项影响至今的“大发明”。他脑洞大开地把二氧化碳溶到了水里，结果发现这种水的味道相当宜人。于是，**人类第一杯碳酸“饮料”**就这么出现了。

拉瓦锡是一位对化学以及家人都十分钟爱的法国化学家。他对氧气的研究摧毁了“四元素说”存在的基石。

普里斯特利把制备“脱燃素气”的实验过程告诉了拉瓦锡。拉瓦锡按照同样的方法也制得了那种气体，但他坚定地认为那不是什么“脱燃素气”，而应当是一种单纯的元素。

他把这种气体命名为“**氧**”，意思是“酸的生成者”，因为拉瓦锡发现这种气体可以和很多非金属合成酸。直到今天，“氧”在日语中仍然写成“酸素”，所以，当你看到商品包装上印着大大的“酸素”时不要太惊讶，那可能是商家在宣传产品含氧而已。

拉瓦锡提出了燃烧过程的氧化学说。同时，他通过实验证明水是由氢和氧构成的，这些研究成果被他写入了《**化学基本论述**》这本书中。在书里，**拉瓦锡重新定义了元素——元素是用任何方法都不能加以分解的物质**。

拉瓦锡划时代的研究并没有给他带来更辉煌的远大前程。在另一个划时代的事件——法国大革命中，拉瓦锡因为曾经做过原政府的包税官，被推上了断头台。拉瓦锡离人们远去了，但人们探究万物本质的脚步从未停止。

有了一系列人中翘楚的努力，门捷列夫才得以站在巨人的肩膀上发现元素周期律。

门捷列夫首先要感谢的是英国科学家**约翰·道尔顿**。

道尔顿终其一生研究的其实不只是化学，还有他自己。

据说，道尔顿有一次买了一双“棕黄色”的袜子，送给母亲做礼物，母亲面有难色地对他说：“你给我买这么鲜艳的樱桃红色袜子，让我怎么穿呢？”道尔顿这才发现，他的眼睛有问题。

是的，道尔顿是色盲。因为这一点，他成了第一位研究色盲症的人。

道尔顿希望，在他死后，人们能保存他的眼睛用来研究色盲症。为了纪念他，色盲症也被称为道尔顿症。

道尔顿在化学领域的开创性地位，可以和前面提到的波义耳、拉瓦锡比肩。为什么这么说呢？

在古希腊时代，留基伯和德谟克利特就提出：万物是由不可分割的微小粒子组成的，这种粒子叫作原子。

到了17世纪，牛顿在研究光学时提出：光的本质是一种微粒。也就是说，所有的物质，哪怕是光，都是由微粒构成的。道尔顿受到这两种学说的影响，在1803年提出了化学界革命性的理论——**原子论**。

原子论简单来说是这样的：

元素由不可分割的微粒——原子组成；

同一种元素的原子都是相同的，所以每种元素都有自己独有的原子质量；

不同元素的原子都是不一样的；

一种元素和另一种元素的原子结合起来就形成了化合物。

这是人类提出“四元素说”和“五行说”以来，最为接近物质本源的化学理论！

道尔顿还设计了一系列符号，使得人们可以清晰地理解元素和化合物。

道尔顿兴致勃勃地开始测量各种元素的原子量，只可惜——他列出了 20 个元素的原子量，除了将氢的原子量定为 1 比较准确，剩下 19 种元素的原子量都是错的……这其中还有 6 个根本不是元素！尽管如此，道尔顿把原子量作为元素判断标准的理论，仍然为化学家们推开了发现和确定元素的大门。

氧  相对重量为7 实际原子量15.9994 ×

氢 相对重量为1 实际原子量1.00794 √

氮 相对重量为5 实际原子量14.0067 ×

碳 相对重量为5 实际原子量12.0107 ×

苦土：相对重量为20 × 非元素

石灰：相对重量为23 × 非元素

苏打：相对重量为28 × 非元素

此后，一种又一种新元素被化学家们发现。化学作为一个学科，真正迎来了自己的春天。**到门捷列夫出场的时代，人们已经确定了 63 种元素**。从 4 到 63，人类探寻万物本源的历程持续了大约 2000 年。不过人们突然发现，这个由元素构成的世界似乎有点混乱。“四元素说”虽然并不科学，但是把万物归为四类，在很多人看来，十分和谐。此时，60 多种元素性质各异，乱哄哄地分布在地球各处，我们的世界真的如此杂乱无章吗？

下面，让我们隆重请出大胡子化学家兼纸牌高手——门捷列夫。
终于轮到我登场了。

门捷列夫出生在俄国的西伯利亚地区，是家里 14 个孩子中最小的一个。他的母亲独具慧眼地发现他极其聪明，于是，带着他不远千里到圣彼得堡求学。伟大的母爱使一位伟大的科学家没有被埋没。

在门捷列夫之前，有很多科学家已经发现一些元素之间存在着某种神秘的关联。

比如德国化学家德贝莱纳发现，钙、锶、钡这三种元素的原子量几乎能排成一个等差数列，而且它们的化学性质非常相似。

另一位德国科学家佩滕科弗进一步发现，一些性质相似元素的原子量之差大约是 8 的倍数。

到 19 世纪 60 年代，很多化学家确信，元素之间一定存在着某种联系。门捷列夫也全力投入到元素规律的研究中来。

钌
Ru
101.1

铑
Rh
102.9

钯
Pd
106.4

Os
190.2
锇

Ir
192.2
铱

Pt
195.1
铂

钠
Na
22.99

锂
Li
6.941

Sn
118.71
锡

门捷列夫从小就喜欢玩纸牌。他把元素的名称、性质和原子量等制作成一套 63 张的扑克牌卡片，经常像个占卜师一样摆弄他的牌阵。

在俄国化学会的一次研讨会上，门捷列夫用他的化学扑克牌展示了他的元素周期表，结果却招来了包括他老师在内的一致抨击。的确，化学的研究成果应该诞生在实验室里，怎么可能诞生在一堆扑克牌中呢？

门捷列夫坚信自己的研究方向是正确的。**1869年3月，门捷列夫正式撰写论文，提出了元素周期律**。有趣的是，门捷列夫在发表论文的前一天突然身体不适，于是就委托他的朋友代为宣读。不幸的是，他的朋友当场被批得体无完肤。

门捷列夫的第一张元素周期表之所以被集体炮轰，是因为他对自己的研究成果过于自信。

首先，他不顾当时已经公认的原子量，坚持改变了一些元素的排列位置；其次，为了把元素放到他认为正确的位置，他还修订了其他一些元素的原子量；最后，他在表中留下了四个空格！门捷列夫认为，这是四种应该存在但还没被发现的元素。这种大胆甚至疯狂的想法在当时引起了广泛的批评。**人们甚至怀疑，这位门捷列夫先生到底是化学家还是占卜师呢**？

过了两年，门捷列夫进一步修订并推出了他的第二张元素周期表。这已经接近我们目前使用的元素周期表的样子了。

Group Period	I	II	III	IV	V	VI	VII	VIII
1	H=1							
2	Li=7	Be=9.4	B=11	C=12	N=14	O=16	F=19	
3	Na=23	Mg=24	Al=27.3	Si=28	P=31	S=32	Cl=35.5	
4	K=39	Ca=40		Ti=48	V=51	Cr=52	Mn=55	Fe=56,Co=59 Ni=59
5	Cu=63	Zn=65			As=75	Se=78	Br=80	
6	Rb=85	Sr=87	?Yt=88	Zr=90	Nb=94	M[illegible]96		Ru=104,Rh=1[illegible] Pd=106
7	Ag=108	Cd=112	In=113	Sn=118	Sb=122	Te=[illegible]	[illegible]127	
8	Cs=133	Ba=137	?Di=138	?Ce=140				
9								
10			?Er=178	?La=180	Ta=182	W=184		[illegible],Ir=1[illegible] [illegible]=198
11	Au=199	Hg=200	Tl=204	Pb=207	Bi=208			
12				Th=231		U=240		

镓 Ga

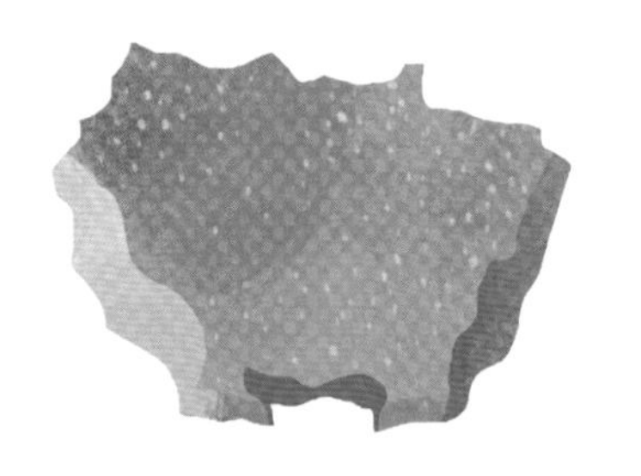

钪 Sc

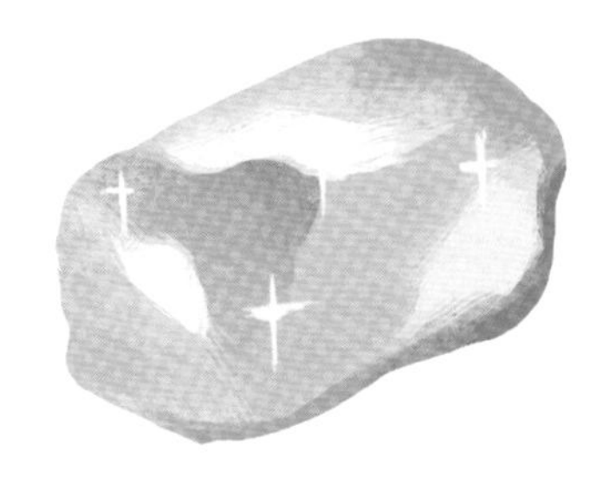

锗 Ge

几年后的一天，法国化学家布瓦博德朗发现了一种新元素，命名为“镓”。**这种新元素的性质和大部分数据与门捷列夫制作的元素周期表中的空格之一——“类铝”十分契合**，只是密度和门捷列夫预测的相去甚远。拥有强大自信的门捷列夫写信给布瓦博德朗，大意是：我建议您重新测一下密度。本着严谨的科学精神，布瓦博德朗重新提纯了镓并测量了密度。这次，他得到的数据与门捷列夫预测的完全吻合。

整个化学界震惊了！门捷列夫不是什么占卜师，他的科学预言成真了！

后来，表中的第二个空格也被准确地填补上了。**瑞典化学家尼尔森按照门捷列夫制作的元素周期表的规律，发现了元素“钪”**。它与门捷列夫预言的“类硼”性质完全一致。

又过了几年，**德国化学家温克勒发现了“锗”，填上了门捷列夫预言的第三个空格。**

Period \ Group	I	II	III	IV		VI	VII	
1	[illegible]							
2	[illegible]	[illegible]=9.4	B=11	C=12	N=14	O=16	F=19	
3	[illegible]	[illegible]	[illegible]=27.3	Si=28	P=31	S=32	Cl=35.5	
4	[illegible]	[illegible]		Ti=48	V=51	Cr=52	Mn=55	Fe=56,Co=59 Ni=59
5	[illegible]	Zn=65			As=75	Se=78	Br=80	
6	Rb=85	Sr=87	?Yt=88	Zr=90	Nb=94	Mo=96		[illegible]
7	Ag=108	Cd=112	In=113	Sn=118	Sb=122	[illegible]	I=127	
8	Cs=133	Ba=137	?Di=138	?Ce=140				
9								
10			?Er=178	?La=180	Ta=182	W=184		[illegible]
11	Au=199	Hg=200	Tl=204	Pb=207	Bi=208			
12				Th=231		U=240		

Sc=44.9

Ga=69.7

Ge=72.7

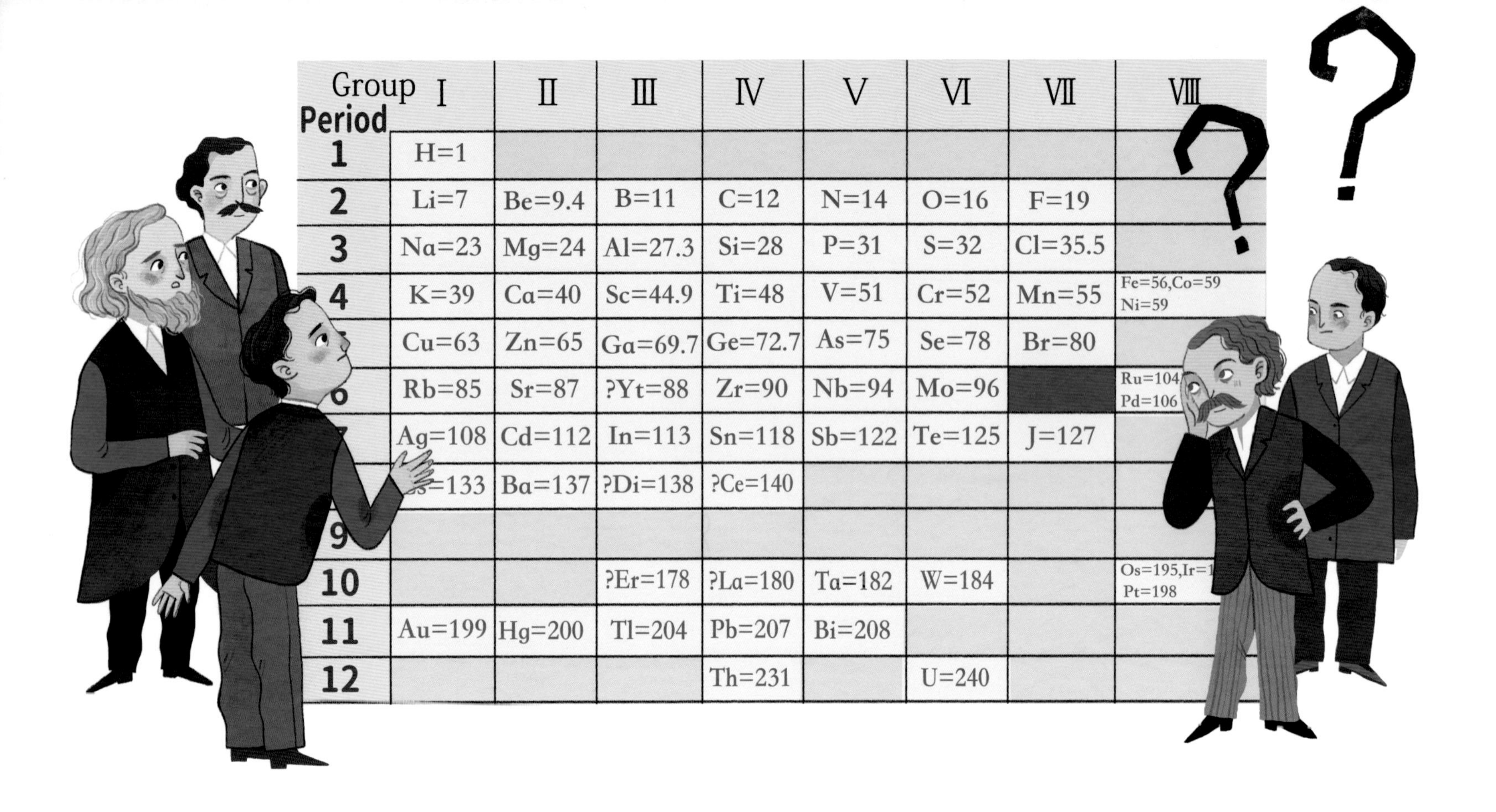

Period \ Group	I	II	III	IV	V	VI	VII	VIII
1	H=1							
2	Li=7	Be=9.4	B=11	C=12	N=14	O=16	F=19	
3	Na=23	Mg=24	Al=27.3	Si=28	P=31	S=32	Cl=35.5	
4	K=39	Ca=40	Sc=44.9	Ti=48	V=51	Cr=52	Mn=55	Fe=56,Co=59 Ni=59
	Cu=63	Zn=65	Ga=69.7	Ge=72.7	As=75	Se=78	Br=80	
6	Rb=85	Sr=87	?Yt=88	Zr=90	Nb=94	Mo=96		Ru=104 Pd=106
	Ag=108	Cd=112	In=113	Sn=118	Sb=122	Te=125	J=127	
	s=133	Ba=137	?Di=138	?Ce=140				
9								
10			?Er=178	?La=180	Ta=182	W=184		Os=195,Ir=1 Pt=198
11	Au=199	Hg=200	Tl=204	Pb=207	Bi=208			
12				Th=231		U=240		

第四个空格在门捷列夫有生之年没有被填上。

1937 年，门捷列夫已经去世 30 年之后，**第四个空格——“类锰”终于通过人工合成的方式制成了，这就是元素“锝”。**它是第一种人工合成的元素。始终填不上第四个空格的原因，居然是这种元素在地球上根本就没有。

1906年，瑞典皇家科学院认为门捷列夫应该获得当年的诺贝尔化学奖，但是遭到了曾获诺贝尔奖的化学家阿伦尼乌斯的强烈反对。于是，发现氟单质的莫瓦桑获得了当年的诺贝尔化学奖。非常可惜的是，1907年，门捷列夫因病离开了人世，没能获得诺贝尔化学奖。可以说这是化学界的一个遗憾。

元素周期律的发现向人们揭示了一个真理：宇宙万物的存在并非来自神明，而是自然本身的规律使然，人们甚至可以依照规律去发现未知的世界。化学从此进入了现代化的发展阶段。

门捷列夫制作的元素周期表和我们目前使用的标准版本有一些差别，这是由于原子物理的确立与发展才真正揭示了元素周期的本质。

在门捷列夫晚年时期，英国科学家汤姆逊就已经发现了电子，并提出原子是可以再分的。

Period \ Group	I	II	III	IV	V	VI	VII	VIII
1	H=1							
2	Li=7	Be=9.4	B=11	C=12	N=14	O=16	F=19	
3	Na=23	Mg=24	Al=27.3	Si=28	P=31	S=32	Cl=35.5	
4	K=39	Ca=40	Sc=44.9	Ti=48	V=51	Cr=52	Mn=55	Fe=56,Co=59 Ni=59
5	Cu=63	Zn=65	Ga=69.7	Ge=72.7	As=75	Se=78	Br=80	
6	Rb=85	Sr=87	?Yt=88	Zr=90	Nb=94	Mo=96	Tc=97	Ru=104,Rh=104 Pd=106
7	Ag=108	Cd=112	In=113	Sn=118	Sb=122	Te=125	J=127	
8	Cs=133	Ba=137	?Di=138	?Ce=140				
9								
10			?Er=178	?La=180	Ta=182	W=184		Os=195,Ir=197 Pt=198
11	Au=199	Hg=200	Tl=204	Pb=207	Bi=208			
12				Th=231		U=240		

元素周期表

原子序数 1 H 元素符号
氢 元素中文名称
1.008 原子量

1	2	3	4	5	6	7	8	9	10	11	12	13	14	15	16	17	18
1 H 氢 1.008																	2 He 氦 4.003
3 Li 锂 6.94	4 Be 铍 9.0122											5 B 硼 10.81	6 C 碳 12.01	7 N 氮 14.01	8 O 氧 16.00	9 F 氟 19.00	10 Ne 氖 20.18
11 Na 钠 22.990	12 Mg 镁 24.305											13 Al 铝 26.98	14 Si 硅 28.09	15 P 磷 30.97	16 S 硫 32.06	17 Cl 氯 35.45	18 Ar 氩 39.95
19 K 钾 39.098	20 Ca 钙 40.078	21 Sc 钪 44.956	22 Ti 钛 47.867	23 V 钒 50.942	24 Cr 铬 51.996	25 Mn 锰 54.938	26 Fe 铁 55.845	27 Co 钴 58.933	28 Ni 镍 58.693	29 Cu 铜 63.546	30 Zn 锌 65.38	31 Ga 镓 69.723	32 Ge 锗 72.630	33 As 砷 74.922	34 Se 硒 78.971	35 Br 溴 79.904	36 Kr 氪 83.798
37 Rb 铷 85.468	38 Sr 锶 87.62	39 Y 钇 88.906	40 Zr 锆 91.224	41 Nb 铌 92.906	42 Mo 钼 95.95	43 Tc 锝	44 Ru 钌 101.07	45 Rh 铑 102.91	46 Pd 钯 106.42	47 Ag 银 107.87	48 Cd 镉 112.41	49 In 铟 114.82	50 Sn 锡 118.71	51 Sb 锑 121.76	52 Te 碲 127.60	53 I 碘 126.90	54 Xe 氙 131.29
55 Cs 铯 132.91	56 Ba 钡 137.33	57-71 镧系	72 Hf 铪 178.49	73 Ta 钽 180.95	74 W 钨 183.84	75 Re 铼 186.21	76 Os 锇 190.23	77 Ir 铱 192.22	78 Pt 铂 195.08	79 Au 金 196.97	80 Hg 汞 200.59	81 Tl 铊 204.38	82 Pb 铅 207.2	83 Bi 铋 208.98	84 Po 钋	85 At 砹	86 Rn 氡
87 Fr 钫	88 Ra 镭	89-103 锕系	104 Rf 𬬻	105 Db 𬭊	106 Sg 𬭳	107 Bh 𬭛	108 Hs 𬭶	109 Mt 鿏	110 Ds 𫟼	111 Rg 𬬭	112 Cn 鿔	113 Nh 鿭	114 Fl 𫓧	115 Mc 镆	116 Lv 𫟷	117 Ts 鿬	118 Og 鿫
			57 La 镧 138.91	58 Ce 铈 140.12	59 Pr 镨 140.91	60 Nd 钕 144.24	61 Pm 钷	62 Sm 钐 150.36	63 Eu 铕 151.96	64 Gd 钆 157.25	65 Tb 铽 158.93	66 Dy 镝 162.50	67 Ho 钬 164.93	68 Er 铒 167.26	69 Tm 铥 168.93	70 Yb 镱 173.05	71 Lu 镥 174.97
			89 Ac 锕	90 Th 钍 232.04	91 Pa 镤 231.04	92 U 铀 238.03	93 Np 镎	94 Pu 钚	95 Am 镅	96 Cm 锔	97 Bk 锫	98 Cf 锎	99 Es 锿	100 Fm 镄	101 Md 钔	102 No 锘	103 Lr 铹

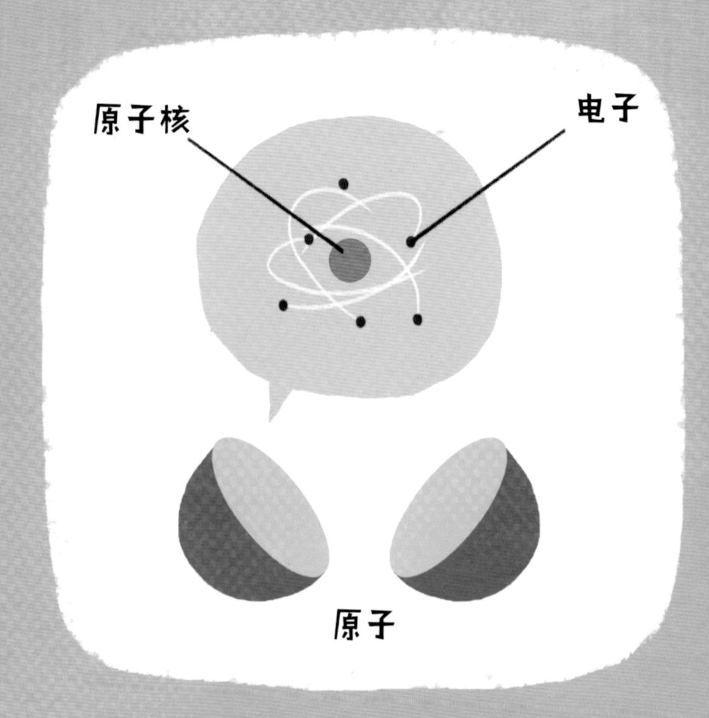

之后，卢瑟福提出了著名的原子模型，他认为原子的质量几乎都集中在直径很小的核心区域，这被称为“原子核”。他的学生莫斯莱证实：元素排列的顺序是由原子核内的正电荷数决定的。后来，卢瑟福把这些带正电荷的粒子命名为质子。所以，元素的顺序是由原子核内的质子数决定的。氢只有一个质子，因此排名第一，氦有两个质子，排名第二，锂有三个，以此类推。

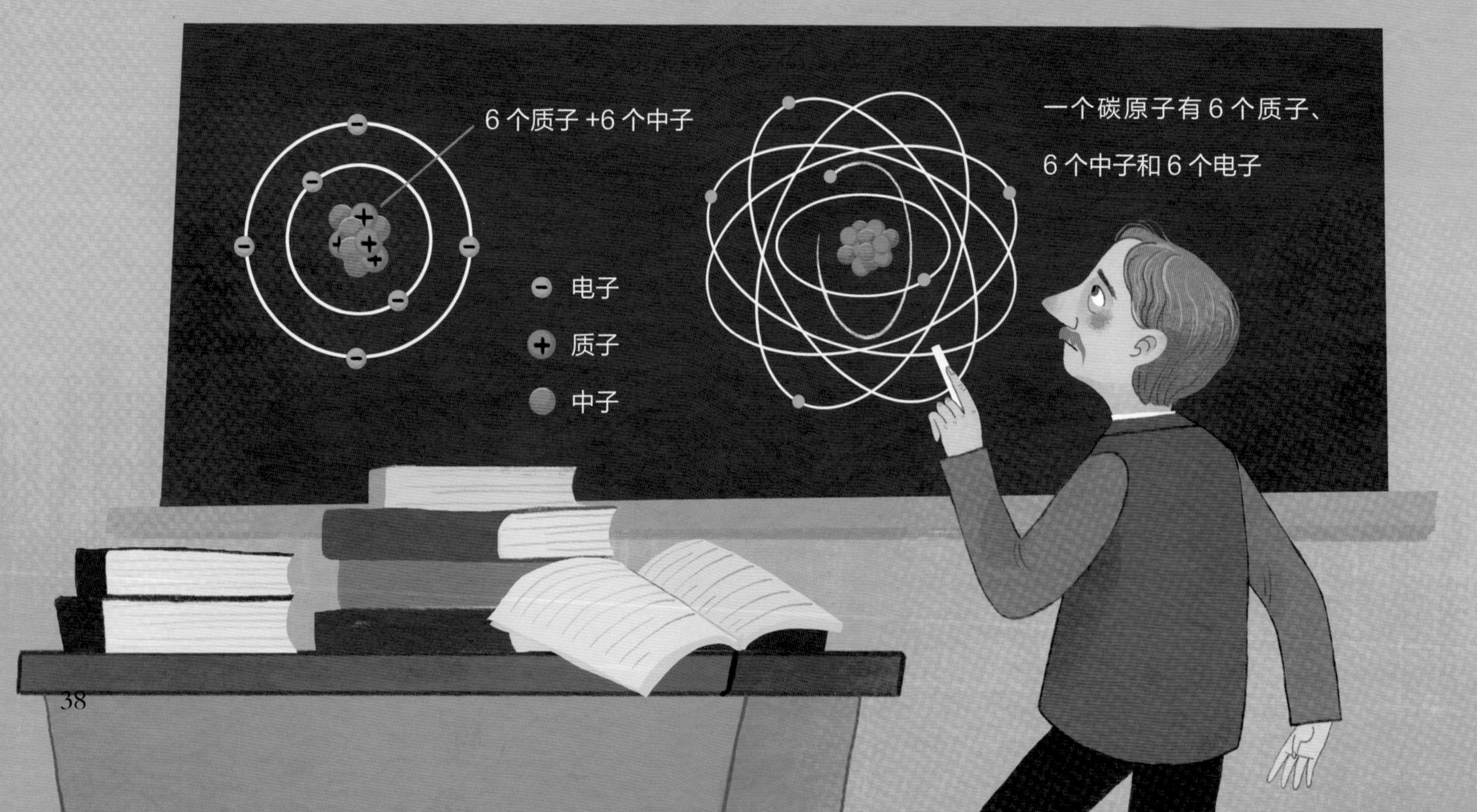

门捷列夫提出元素周期律的那个年代，量子力学还没有创建。

1900 年之后，人们逐渐创建了**量子力学**，确认了原子的存在。人们发现原子当中还有质子和中子这样的微观粒子。由此人们提出，应该依据元素的质子数进行排序。这和门捷列夫提出用原子量对元素进行排序有根本上的区别。

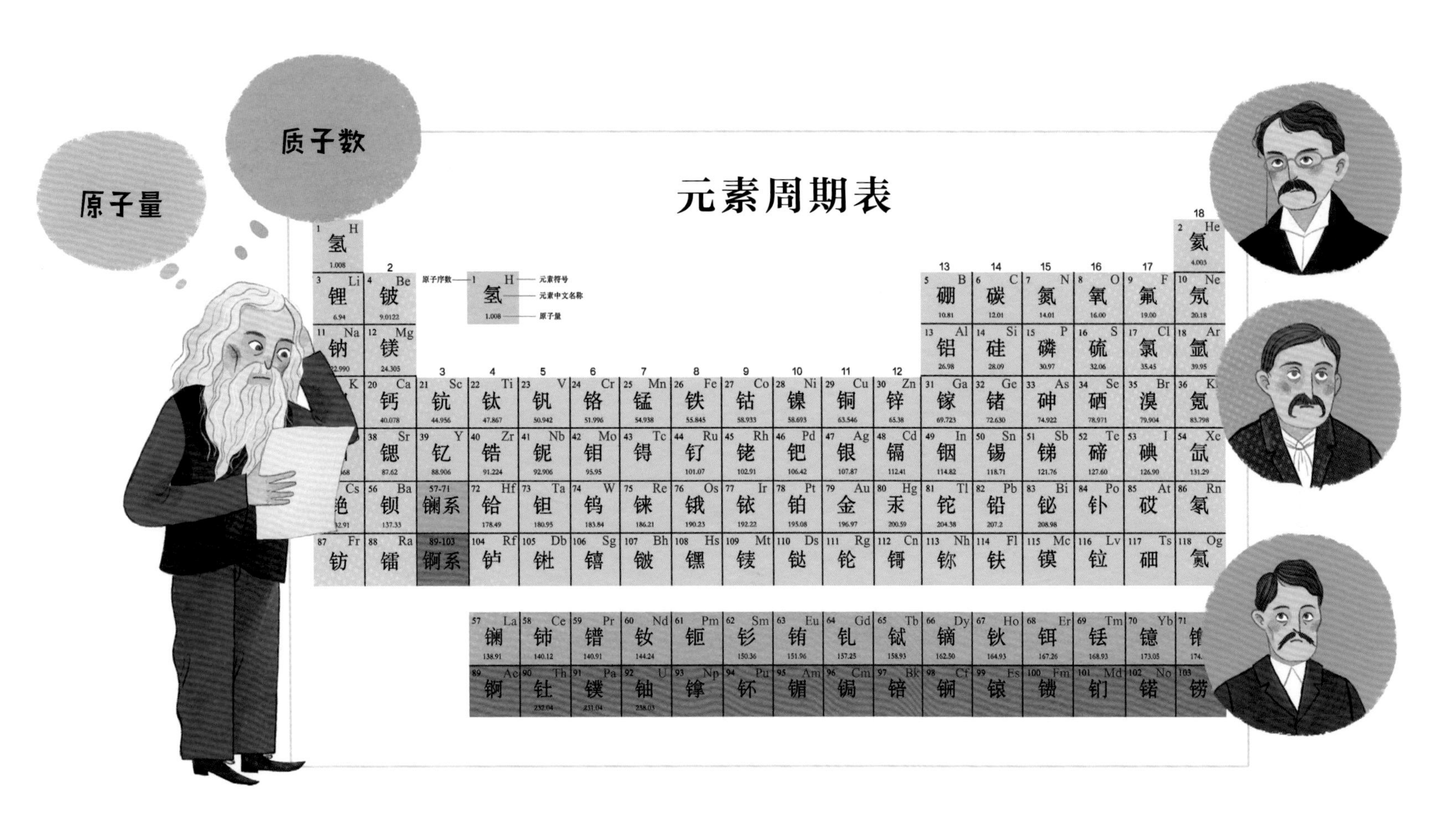

门捷列夫的理论有许多可取之处，但也有不对的地方。这种情况是非常正常的。科学就是需要在不断探索中前行。

至此，最接近科学本质的元素周期表诞生了！

最后，我们必须要说一下这些**元素的中文名和明朝皇帝们**的关系。

当年明太祖朱元璋立下规矩，皇族起名要按“木火土金水”五行相生之序，名字中一定要有相应的偏旁部首。比如嘉靖皇帝朱厚熜，“熜”字带火字旁；万历皇帝朱翊钧，“钧”字带一个金字旁；崇祯皇帝朱由检，“检”字带一个木字旁。

明朝历经近300年，皇族人口越来越多，上哪里去找那么多金字旁、三点水的字做名字啊！于是，他们就开始造字，比如朱慎镭、朱成钯……

中国近代化学启蒙者徐寿在翻译化学元素名称的时候，巧妙地把元素外文名的第一音节作为元素的读音，比如 Natrium，就取 Na 的音，Lithium 就取 Li 的音。如今，我们一定要给徐寿先生点赞，如果不是他提出具有开创性的翻译方法，我们现在就不能轻松地背诵“氢氦锂铍硼，碳氮氧氟氖”了，而是要说“海里姆”“锂四姆”“麦格理西姆”……这简直就是人间悲剧啊！

但是要用什么汉字来确定这些元素的名字呢？**徐寿先生灵机一动，翻出了明朝皇家族谱，那上面大量的金字旁生僻字就成了今天化学元素最贴切的名字。**

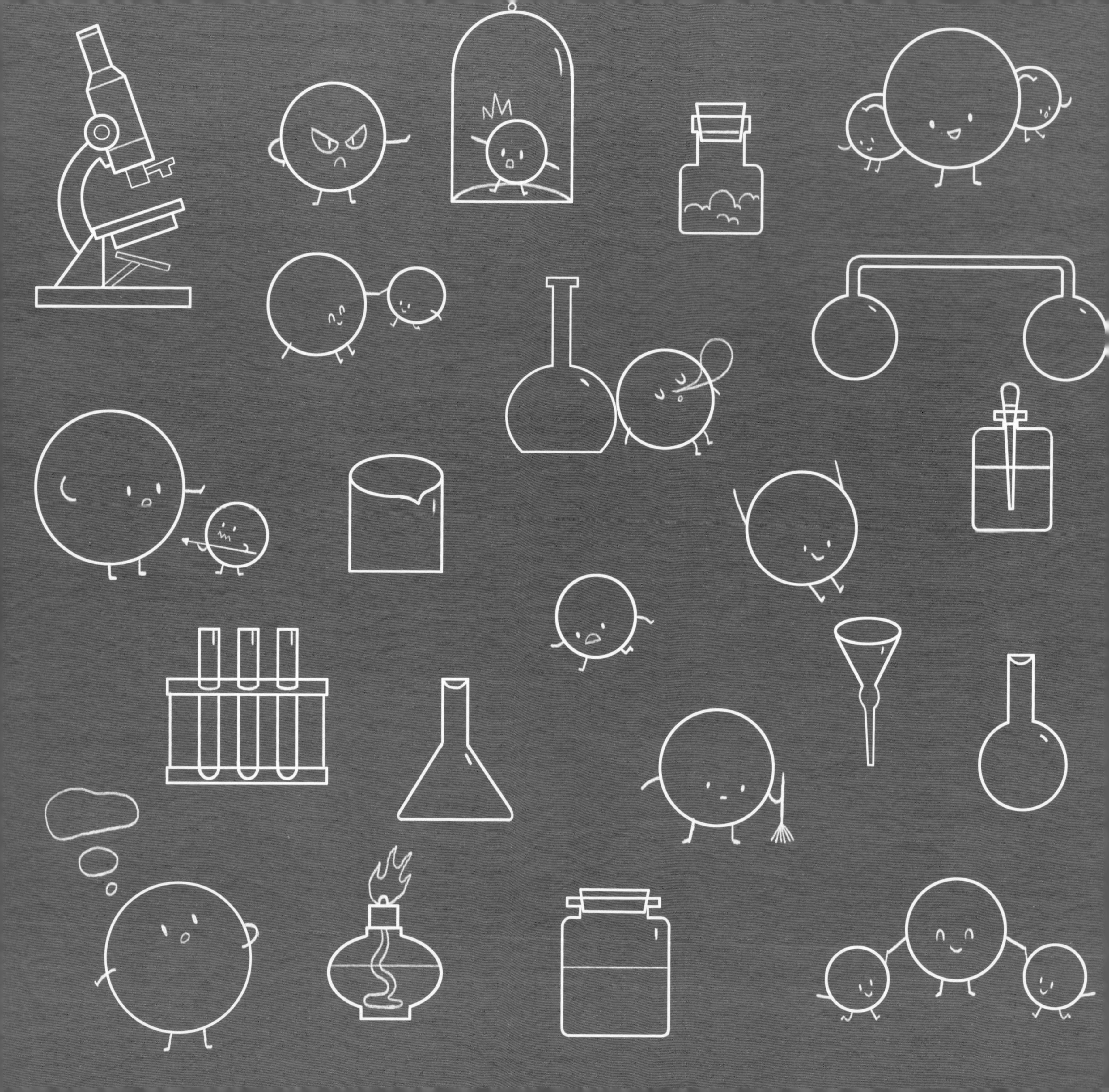